Bibliografische Information der Deutschen Nationalbibliothek:

Die Deutsche Bibliothek verzeichnet diese Publikation in der Deutschen National-
bibliografie; detaillierte bibliografische Daten sind im Internet über http://dnb.d-
nb.de/ abrufbar.

Impressum:

Copyright © 2017 GRIN Verlag, Open Publishing GmbH
Druck und Bindung: Books on Demand GmbH, Norderstedt Germany
ISBN: 9783668594593

Dieses Buch bei GRIN:

https://www.grin.com/document/384528

Semin Dzinic

Objektsicherheitsüberprüfung an Wohngebäuden. Richtlinien des ÖNORM B1300 zur Vermeidung von Gefahren- und Haftungsfallen

GRIN Verlag

Hamburger Fern-Hochschule

Wirtschaftsingenieurwesen

Projektarbeit zum Thema:

ÖNORM B 1300
Objektsicherheitsprüfungen an Wohngebäuden

Semin Dzinic

Inhaltsverzeichnis   Seite

Abbildungsverzeichnis

Abbildung   **Seite**

Abkürzungsverzeichnis

Abb.	Abbildung
BSK	Brandschutzklappe
bspw.	beispielsweise
bzw.	beziehungsweise
Darst.	Darstellung
d.h.	dass heißt
dgl.	dergleichen
eig.	eigene
gem.	gemäß
lt.	laut
OGH	Oberster Gerichtshof
OIB	Österreichisches Institut für Bautechnik
ÖNORM	Österreichische Norm
TRVB	Technische Richtlinien Vorbeugender Brandschutz
u.Ä.	und Ähnliche(s)
usw.	und so weiter
vgl.	vergleiche
z.B.	zum Beispiel

1 Einleitung

Eigentümer von Wohngebäuden tragen eine besonders hohe Verantwortung für die Sicherheit und Gesundheit in ihren Gebäuden und haben aus diesem Grunde dafür Sorge zu tragen, dass von ihrem Eigentum keine Gefahr für die Sicherheit von Personen oder deren Eigentum ausgeht. Die Eigentümergemeinschaften sind daher mit regelmäßigen Prüf-, Kontroll- und Überwachungspflichten konfrontiert, um für den sicheren Zustand des Wohngebäudes Sorge zu tragen und die vom Grundstück oder Wohngebäude ausgehenden Gefahren vorzeitig erkennen zu können.

Die regelmäßige Kontrolle von Bestands- sowie von Neuobjekten auf Schäden und Gefahren kann Gefährdungsbereiche von Bauteilen oder technischen Ausstattungen aufzeigen und dazu beitragen, Haftungen gegenüber Objektnutzer zu minimieren.

Eine regelmäßige Sichtprüfung und Begutachtung samt erforderlicher Beseitigung von Schäden dient langfristig der Erhaltung des Wohngebäudes.

Ziel der vorliegenden ÖNORM, die im November 2012 veröffentlicht wurde ist es, Eigentümern, Vermietern, Verwaltern oder deren Beauftragten eine Hilfe in Form von standardisierten Richtlinien zu Verfügung zu stellen. Weiters sollen Verantwortliche auf Art und Umfang der sich aus einem Wohngebäude resultierenden Gefahren- und Haftungsfallen aufmerksam gemacht werden.

2 Anwendungsbereich

Grundsätzlich sind technische Normen eine Empfehlung und ihr Einsatz ist freiwillig. Normen entfalten damit eine gewissen eigenständige Macht, sie werden als Leitfaden herangezogen, ob bspw. ein Bauwerk fachgerecht hergestellt wurde.

Die ÖNORM B1300 besagt, welche Gefahren und Schäden im Auge behalten oder besonders beobachtet werden müssen, wie man mit den Gefahren und Schäden umgehen soll und wie man zu dokumentieren hat. Sie dient als Leitfaden für den Umgang mit potentiellen Gefahren, die von einem Wohngebäude ausgehen können. Außerdem dient sie Hauseigentümern als Nachweis und als Absicherung vor Haftungs- und Strafrisiken im Zusammenhang mit Gefahren, die von Ihrem Wohngebäude ausgehen.

2.1 Zweck der Norm

Sollte es zu einem Haftungsfall kommen, müssen die Hauseigentümer nachweisen, dass alles Mögliche getan wurde, um den Schaden zu verhindern bzw. zu vermeiden. Die ÖNORM B 1300 bietet also eine Absicherung vor Haftungs- und Strafrisiken im Zusammenhang mit Gefahren, die von einem Wohngebäude ausgehen können.

3 Allgemeines

Die Objektsicherheit wird in vier Fachbereiche eingeteilt:

- Technische Objektsicherheit

- Gefahrenvermeidung und Brandschutz

- Gesundheits- und Umweltschutz sowie

- Einbruchsschutz und Schutz vor Außengefahren

Besonders schutzwürdig sind Kleinkinder, ältere Personen oder Personen mit Behinderungen. Diesen Gruppen gegenüber bestehen höhere Sicherheitserfordernisse, sodass besonders auf deren Bedürfnisse Acht zu nehmen ist. (Vgl. ÖNORM B 1300, 2012:6)

Um diesen Bedürfnissen nachzugehen, müssen in regelmäßigen Abständen wiederkehrende Sichtprüfungen und zerstörungsfreie Begutachtungen durchgeführt werden. Die sogenannten „Sichtprüfungen" umfassen die regelmäßige Begutachtung der baulichen Anlage sowie aller sicherheitsrelevanten Elemente durch fachlich qualifiziertes Personal (z.B. Bausachverständige, Facility Manager, Haustechniker), um Schäden festzustellen oder auf potentielle Risiken hinzuweisen. (Vgl. ÖNORM B 1300, 2012:6)

4 Potentielle Risiken

Wie in der Einleitung erwähnt trägt jeder Eigentümer Verantwortung für die Sicherheit an seinem Wohngebäude. Als Vertreter oder Beauftragter muss man sich Gedanken machen in welcher Form Risiken auftreten können und wie damit umzugehen ist, speziell vor, während und nach einem baulichen Schaden am Wohngebäude.

Im Zusammenhang mit den Anliegen der Objektsicherheit von Wohngebäuden können Risikofelder entstehen. Die wichtigen werden nachfolgend angeführt und erläutert.

Baulicher Zustand

- Objektalterung oder Abnutzungen (Risse im Mauerwerk, Abplatzungen)

- Mangelhafte mechanische Festigkeit und Standsicherheit des Objektes (Statik)

- Nachträgliche Baumaßnahmen

Nutzung

- Änderung der Objektnutzung

- Unsachgemäße Nutzung (mangelhafte Freihaltung von Fluchtwegen)

Hygiene, Gesundheit und Umweltschutz

- Sturzgefahr, gefährliche Schadstoffe oder gesundheitsschädigende Belastung (Schimmel)

Unvorhersehbare Ereignisse, höherer Gewalt

- Blitzschäden, Brandschäden, Sturmschäden, Wasserschäden oder Elementarereignisse

(Vgl. ÖNORM B 1300, 2012:6)

4.1 Risikoanalyse

Mit Hilfe einer Risikoanalyse kann das Gefährdungspotential bei baulichen Anlagen bewertet werden.

Als erstes muss eine Risikoerkennung stattfinden, diese kann zufällig oder gezielt entstehen (z.B. bei einer Objektbegehung).

Nach der Identifizierung ist es wichtig, das Risiko nach den Kriterien der Eintrittswahrscheinlichkeit eines Schadens zu beurteilen.

Wird ein Risiko/Schaden absichtlich durch den beauftragten Objektsicherheitsprüfer übersehen, kann dies zu fatalen Haftungsfolgen führen. Zur Vermeidung wird oft eine fachkundige, externe Person beauftragt, diese kann das Wohngebäude auf Mängel und Schäden überprüfen. Durch die Erfahrung mit den Risiken ist dem Fachkundigen möglich, die Eintrittswahrscheinlichkeit für einen groben Mangel oder Schaden einzuschätzen bzw. zu berechnen.

5 Vorstellung eines Praxisfalls

Bei einer regelmäßigen Sichtprüfung eines Wohngebäudes fallen dem beauftragten Objektsicherheitsprüfer Baumängel an der Blitzschutzanlage auf, welche zu groben Folgen führen könnten. Der Prüfer ist seiner Warn- und Hinweispflicht gemäß ÖNORM B 2110 nachgegangen und meldet dem Eigentümer die zu behebenden Mängel. Es gelten die damaligen Baubewilligungsbescheide und die damaligen elektrotechnischen Vorschriften, also obliegt den Eigentümern oder deren Vertretern ob die Mängel zur Behebung veranlasst werden oder nicht.

5.1 Einschlagswahrscheinlichkeit aufgrund nicht behobener Mängel

Für die Beurteilung eines Blitzeinschlags eines bestimmten Ortes ist die Blitzdichte, dass heißt die Anzahl der Blitzschläge pro km^2 eine besonders wichtige Kennzahl. (Vgl. Aldis 2017)

Das Risiko, dass es ein Blitzeinschlag an einem Wohngebäude einschlägt, steigt proportional mit der Blitzdichte. Doppelte Blitzdichte bedeutet also doppeltes Risiko, dass ein Blitz an einem Wohngebäude einschlägt. (Vgl. Aldis 2017)

Nach der Blitzschutznorm ÖVE/ÖNORM EN 62305-3 ist die Anzahl der erwarteten Direkteinschläge (N_D) je Jahr an einem Wohngebäude wie folgt zu berechnen:

$$N_D = N_G \times A_D \times C_D \times 10^{-6}$$

N_g … Blitzdichte in Einschläge pro km^2 und Jahr

A_D … äquivalente Auffangfläche des betrachteten Objektes in m^2

C_D … Umgebungskoeffizient

Laut dem österreichischen Forschungsinstitut Aldis werden mit dem Umgebungskoeffizienten die örtlichen Verhältnisse in der Umgebung des betrachteten Objektes berücksichtigt, siehe auch nachstehende Tabelle. (Vgl. Aldis 2017)

C_D	Relative Lage
0,25	Bauliche Anlage umgeben von höheren Wohngebäuden
0,5	Bauliche Anlage umgeben von Wohngebäuden mit gleicher oder niedrigerer Höhe
1	Freistehende bauliche Anlage
2	Freistehende bauliche Anlage auf einer Bergspitze oder eine Kuppe

1 Abb. Umgebungskoeffizienten C_D (Vgl. Aldis 2017)

5.2 Äquivalente Auffangfläche

Die äquivalente Auffangfläche A_D berücksichtigt, dass nicht nur die Grundrissfläche eines Wohngebäudes betroffen sein kann, ebenso können die Nachbarobjekte vom Blitzeinschlag grobe Schäden tragen. (Vgl. Aldis 2017)

Die äquivalente Auffangfläche lässt sich nach dem Forschungsinstitut Aldis wie folgt berechnen:

$$A_D = L x B + 6 x H x (L+B) + 9\pi H^2$$

5.3 Berechnung der Eintrittswahrscheinlichkeit

In Österreich kann die lokale Blitzdichte N_g online für jeden Objektstandort abgefragt werden.

Beim Praxisfall handelt es sich um eine bauliche Anlage, die von höheren Wohngebäuden umgeben ist, also beträgt der Umgebungskoeffizient 0,25. (siehe Abb. 1)

Bei einer Online-Abfrage (standortabhängig) konnte ein Blitzdichtwert von 1,12 Blitze/ km^2 ermittelt werden.

Beim Praxisfall handelt es sich um ein Mehrparteienhaus. (Länge 27 Meter, Breite 16,36 Meter und Höhe 20,53 Meter)

Berechnung der äquivalenten Auffangfläche

$A_D = 27 \times 16,36 + 6 \times 20,53 \times (27 + 16,36) + 9\pi \times 20,53^2$

$\mathbf{A_D} = 17.699,92 \text{ m}^2$

$N_D = 1,12 \times 17.699,92 \times 10^{-6}$ →

$\mathbf{N_D} = 0,01982$ Einschläge pro Jahr

5.4 Ergebnis und Fazit der Berechnung

Es ist bei der Risikoanalyse zum Blitzschutz davon auszugehen, dass das betrachtete Wohngebäude von **0,01982 Blitzen pro Jahr** direkt getroffen wird.

Man sieht, dass die Wahrscheinlichkeit eines direkten Blitzeinschlags sehr gering ist. Das Gesetz besagt aber, dass bei Verletzungen und Schäden, der Besitzer des Wohngebäudes zum Schadenersatz verpflichtet ist.

Ebenso kann die ÖNORM B 1300 als Regelwerk herangezogen werden und bei einem Gerichtsverfahren entscheidend sein.

Dem Hauseigentümer ist auf alle Fälle die Behebung der Mängel zu raten. Bei Blitzschäden kann die Schadenhöhe enorm hoch sein. Die sofortige Behebung der Mängel und die Adaptierung der Blitzschutzanlage würden sich im Gegensatz zu einem groben Folgeschaden rentieren.

6 Betreiberverantwortung

Die Betreiberverantwortung umfasst die gesetzlichen Betreiberpflichten für gebäudebetreibende Unternehmen und die darin handelnden Personen. (Vgl. Gondring 2007:56) Die GEFMA-Richtlinie 190 „Betreiberverantwortung" definiert den Betreiber als denjenigen, der

- ein Grundstück mit einem Gebäude im Eigentum besitzt
- ein Gebäude mit haustechnischen Anlagen betreibt
- als Arbeitgeber tätig, d.h. Arbeitnehmer beschäftigt
- Arbeitsplätze und Arbeitsmittel bereitstellt

Die Betreiberverantwortung erstreckt sich über die gesamte im Eigentum stehende Wohnfläche inkl. aller angrenzenden außenliegenden Flächen. (Vgl. GEFMA 190:1)

6.1 Pflichten der Gebäudebetreiber gegen Gefahren

Bei den Objektsicherheitpflichten handelt es sich insbesondere um baulich-technische Vorsorge und Erhaltungspflichten, organisatorische Pflichten (z.Bsp. Aushänge von Ansprechpartner, Benutzervorschriften, Warnhinweise, Fluchtpläne, Bedienanleitungen u. Ä.) sowie Kontroll- und Überwachungspflichten. (Vgl. ÖNORM B 1300, 2012:6)

6.2 Grundprinzipien der Vorsorge und Erhaltungspflicht

Aufgabe der Objektsicherheit ist es, alle Gefahren für Personen und Sachen sowie Einrichtungen, die sich innerhalb eines Wohngebäudes befinden, sowie auch Risiken für das Objekt selbst möglichst fern zu halten. Ebenso gilt es bei Extremfällen für Personen und Sachen sicherzustellen, dass Personen das Wohngebäude unverletzt verlassen können und gegebenenfalls Sachen unbeschadet aus dem Gefahrenbereich gebracht werden können. (vgl. ÖNORM B 1300, 2012:7)

Die Verpflichtung zur Wahrnehmung der Vorsorge- und Erhaltungspflicht trifft in erster Linie die Verantwortungsträger, welche im nachfolgenden Kapitel vorgestellt werden.

6.3 Verantwortungsträger

Die Verantwortung für die Objektsicherheit und die zumutbare Wahrnehmung der damit verbunden Pflichten trifft in aller erster Linie den Verantwortungsträger. Verantwortungsträger (Facility Manager, Immobilienverwalter oder Bautechniker) dürfen Aufgaben, Pflichten und deren Umsetzung an geeignete Sicherheitsbeauftragte oder fachlich qualifiziertes Personal (Subunternehmer) weitergeben. (Vgl. ÖNORM B 1300, 2012:10)

Obwohl der Verantwortungsträger darauf vertrauen darf, dass der Subunternehmer, denen er Pflichten übertragen hat, diesen Verpflichtungen nachzukommen hat, entlastet ihn die Übertragung dieser Aufgaben nicht ganz. Er ist dazu verpflichtet seine beauftragten Subunternehmer zu überwachen. Generell sind die jeweiligen Sicherheitsbelange, daraus resultierende Aufgaben und die jeweiligen Träger zu dokumentieren und zu verfolgen. (Vgl. ÖNORM B 1300, 2012:10)

6.3.1 Verantwortung der Sicherheitsbeauftragten

Ein Sicherheitsbeauftragter unterstützt seinen Auftraggeber bei der Erfüllung seiner Betreiberpflichten. Die Sicherheitsbeauftragten sind u. a. dafür verantwortlich, vorbeugende Maßnahmen (Schulungen, Begehungen und Dokumentationen) durchzuführen, Veranlassungen der Objektsicherheit einzuleiten und selbst durchzuführen und gegebenfalls etwaige Sofortmaßnahmen zu tätigen. (Vgl. ÖNORM B 1300, 2012:10)

6.4 Veranlassungen von Betreibern

Für die Wahrung einer ordnungsgemäßen Objektsicherheitprüfung sind nachfolgende Veranlassungen zu treffen.

- Bereitstellung sicherheitsrelevanter Unterlagen (Bestandsdokumentationen)

- Einsetzungen von Sicherheitsbeauftragten, Aufgabenträgern und deren Erfüllungsgehilfen (z.B. Überwachungspersonal oder Fachfirmen)

- Brandschutzpläne oder Sicherheitshinweise

- Sicherstellung des laufenden Betriebes und Wartung von sicherheitstechnischen Anlagen

- Handlungsanweisungen beim Auftreten von Mängeln

- Dokumentation der Objektsicherheit (z.Bsp. durch Gutachten oder regelmäßigen Checklisten)

(Vgl. ÖNORM B 1300, 2012:11)

6.4.1 Bestandsdokumentation

Eine Bestandsdokumentation ist für jedes Wohngebäude sowie sonstige Einrichtung und technische Anlagen der Gesamtanlage anzulegen und aktuell zu halten. Hierzu zählen z.B. Baubewilligungen, Fertigstellungsanzeigen, Bestandspläne, Brandschutzpläne und dgl.

6.4.2 Erstellung von Dokumentationen der Objektsicherheit

Der beauftragte Objektsicherheitsprüfer hat Dokumentation zu führen und seinen Auftraggeber laufend über allfällige Schäden im Objekt zu informieren. Die ausgefüllten Dokumentationen/ Checklisten der durchgeführten Begehungen sind chronologisch zu führen und aufzubewahren.

6.4.3 Sicherheitshinweise für Wohnungsnutzer

Sicherheitshinweise sind an deutlich sichtbarer Stelle anzubringen. Diese allgemeinen Sicherheitshinweise haben Informationen z.B. über das Verhalten in einem Brandfall, Freihalten von Fluchtwegen, erreichbare Ansprechpartner im Notfall zu beinhalten.

6.4.4 Aufgabenspezifische Weiterbildung

Die verantwortlichen Personen (Sicherheitsbeauftragte, Brandschutzbeauftragte und sonstige Aufgabenträger) müssen sich aufgabenspezifisch weiterbilden und immer auf aktuellsten Stand sein.

6.4.5 Handlungsanweisungen beim Auftreten von Gefahren

In unvorhersehbaren Gefahren (z.B. Überflutungen, Brand, usw.) sind dafür zuständige Einsatzorganisationen (z.B. Feuerwehr, Rettung die Polizei) sofort zu benachrichtigen. Bei schweren Mängeln muss sichergestellt sein, dass eine verantwortliche Person oder dessen Verantwortungsträger ehest möglich Sofortmaßnahmen setzt.

7 Gegenüberstellung GEFMA 190 und ÖNORM B 1300

Jedem Unternehmer bzw. Eigentümer, der im Rahmen seiner Geschäftstätigkeit Gebäude betreibt, wird vom Gesetzgeber die Verantwortung dafür auferlegt, alle notwendigen Maßnahmen zu ergreifen, um Gefahren am Gebäude oder an den Anlagen zu vermeiden.

Die GEFMA 190 bietet den Betreibern von Gebäuden einen praxisorientierten Leitfaden für die Einhaltung diverser Gesetze und Verordnungen im Zusammenhang mit dem Betrieb.

Eine Objektsicherheitsprüfung für ein Gebäude, nach den Regeln und Beschreibungen der ÖNORM B 1300, ist ein freiwilliger Aufwand eines Gebäudeeigentümers / einer Wohnungseigentümergemeinschaft. Die ÖNORM B 1300 ist ein technisches Regelwerk für die Organisation und die Durchführung einer und/oder wiederkehrender Sichtprüfung/en eines Wohngebäudes. Die ÖNORM und deren Tabellen ist/sind eine Anleitung wie man ein Gebäude bestmöglich optisch überprüfen kann, ohne das man dabei Bauteile vergisst oder zerstört und dadurch möglicherweise (z.B. bei einem Schadenseintritt) seine Verkehrssicherungspflicht gemäß ABGB verletzt hat. Diese ÖNORM ist aber im Unterschied zur GEFMA 190 keine gesetzliche Vorschrift sondern eine standardisierte Empfehlung, zur Vermeidung von Schäden.

8 Haftung für Gebäudesicherheit

Der Eigentümer eines Bauwerks oder eines anderen auf einem Grundstück erbauten Werkes haftet für Schäden, die durch den Einsturz des Werkes bzw. durch Ablösen von Bauteilen desselben entstehen. Weiters haftet er für Schäden, die durch umstürzende Bäume von seinem Eigentum verursacht wurden. (Vgl. WKO 2016)

Keine Haftung besteht, wenn der Eigentümer nachweisen kann, dass er alle Richtlinien und Vorgaben mit Sorgfalt angewendet hat.

Die Haftung besteht nicht nur für Schäden, die durch Einsturz entstehen, sondern für alle Schäden, die infolge typischer Gefahren eines mangelhaften oder nicht fachgerechten errichteten Bauwerkes erwachsen. (Vgl. WKO 2016)

Das Gesetz definiert den Schaden als einen „Nachteil, der jemandem am Vermögen, an seinen Rechten oder an seiner Person zugefügt worden ist". (ABGB, 2017, § 1293)

Die Haftung setzt kein Vertragsverhältnis zwischen dem Haftenden und dem Geschädigten voraus, es handelt sich um eine deliktische Haftung, die gegenüber jeder natürlichen Person bestehen kann. Die Besonderheit einer deliktischen Haftung besteht in der ausnahmsweise gesetzlich festgelegten Beweislastumkehr in Bezug auf das Verschulden. (ABGB, 2017, § 1298)

Der Eigentümer eines Wohngebäudes muss daher beweisen, dass er die notwendigen Vorkehrungen getroffen hat, um etwaige Gefahren zu vermeiden (bspw. durch monatliche Dachinspektionen).

8.1 Verkehrssicherungspflicht

Wird gegen die Verkehrssicherungspflicht gem. ABGB § 1311 verstoßen, so können Schadenersatzsprüche gegen die verkehrssicherungspflichtige Person geltend gemacht werden.

Als verkehrssicherungspflichtig wird angesehen,

- wer eine Gefahrenquelle schafft oder unterhält

- wer eine Sache beherrscht, welche für Dritte gefährlich sein könnte

- wer gefährliche Sachen dem allgemeinen Verkehr aussetzt

Ein Verkehrssicherungspflichtiger hat das Recht, die Verkehrssicherungspflicht auf Dritte abzuwälzen. (Vgl. Creifelds 2014: 1363)

8.1.1 Haftung für herabfallende Sachen

„Wird jemand durch das Herabfallen einer gefährlich aufgehängten oder gestellten Sache, oder durch Herauswerfen oder Herausgießen aus einer Wohnung beschädigt; so haftet derjenige, aus dessen Wohnung geworfen oder gegossen worden, oder die Sache herabgefallen ist, für den Schaden". (ABGB, 2017, § 1318)

Die Haftung des Wohnungseigentümers setzt kein Verschulden voraus, sondern sie trifft denjenigen, der die Verfügungsmacht über die Wohnung hat.

8.1.2 Haftung für ein Bauwerk

„Wird durch Einsturz oder Ablösung von Teilen eines Gebäudes oder eines anderen auf einem Grundstück aufgeführten Werkes jemand verletzt oder sonst ein Schaden verursacht, so ist der Besitzer des Gebäudes oder Werkes zum Ersatze verpflichtet, wenn die Ereignung die Folge der mangelhaften Beschaffenheit des Werkes ist und er nicht beweist, dass er alle zur Abwendung der Gefahr erforderliche Sorgfalt angewendet habe." (ABGB, 2017, § 1319)

Unter Werk wird auch ein Zaun, ein Geländer, ein Kanal, eine Baugrube, ein Steg, eine Mauer, eine Fensterscheibe, eine Lichtschacht, Bäum u. Ä. verstanden.
Der Eigentümer kann nur dann von der Haftung „abspringen", wenn er beweisen kann, dass er alles notwendige zur Abwendung der Gefahren getroffen hat.

8.1.3 Schadensersatz

Eigentümer von Wohngebäuden sind zum Schadenersatz verpflichtet, wenn der Schaden in Folge einer mangelhaften Ausführung eines Bauwerks aufgetreten ist und er nicht nachweisen kann, dass er alles notwendige zur Abwehr der Gefahr getan hat.

8.1.4 Haftung für Wege

„(1) Wird durch den mangelhaften Zustand eines Weges ein Mensch getötet, an seinem Körper oder an seiner Gesundheit verletzt oder eine Sache beschädigt, so haftet derjenige für den Ersatz des Schadens, der für den ordnungsgemäßen Zustand des Weges als Halter verantwortlich ist, sofern er oder einer seiner Leute den Mangel vorsätzlich oder grobfahrlässig verschuldet hat. Ist der Schaden bei einer unerlaubten, besonders auch widmungswidrigen, Benützung des Weges entstanden und ist die Unerlaubtheit dem Benützer entweder nach der Art des Weges oder durch entsprechende Verbotszeichen, eine Abschrankung oder eine sonstige Absperrung des Weges erkennbar gewesen, so kann sich der Geschädigte auf den mangelhaften Zustand des Weges nicht berufen." (ABGB, 2017, § 1319a)

In vielen Wohngebäuden stellen Mieter oder Eigentümer gerne Schuhe, Fahrräder oder Pflanzen im Stiegenhaus ab. Einerseits weil es praktisch ist, andererseits, weil es viel Platz in der Wohnung spart. Kontrollen werden von Liegenschaftseigentümer und Verwaltungen (darunter auch die ÖNORM B 1300) veranlasst, damit man bei einem Schadenersatzfall auf der sicheren Seite ist.

Lt. der Österreichischen Zeitung Heute erwartet den Verantwortlichen bei einem Schaden eine Strafe bis zu 21.000 Euro.

9 Fachbereiche der Objektsicherheit

Wie schon in Kapitel 3 erwähnt sind objektspezifische Sicherheitsbelange gemäß Abb. 2 (siehe nachfolgend) in insgesamt 4 Fachbereiche untergliedert.

Objektbezug	Fachbereiche der Objektsicherheit	Pflichten
Elemente der Objektsicherheit	F1 – Technische Objektsicherheit	Technisch-organisatorische Objektsicherheitsmaßnahmen
	F2 – Gefahrenvermeidung und Brandschutz	
	F3 – Gesundheits- und Umweltschutz	
	F4 – Einbruchsschutz und Schutz vor Außengefahren	

2 Abb. Fachbereiche der Objektsicherheit (ÖNORM B 1300, 2002:7)

9.1 Fachbereich 1 (Technische Objektsicherheit)

Der Fachbereich 1 Technische Objektsicherheit umfasst alle baulichen, technischen und organisatorischen Vorkehrungen zur Aufrechterhaltung einer ordnungsgemäßen und sicheren Gebäudesubstanz. Elemente der Objektsicherheit in diesem Fachbereich betreffen beispielsweise die Gebäudehülle (Dach, Fassade, Fenster), Tragstruktur (Mauern, Decken, Stiegen), Verbindungswege (Wand-, Boden- und Deckenflächen) und Anlagen (bspw. Lüftungsanlagen, die der gemeinschaftlichen Nutzung dienen. (Vgl. ÖNORM B 1300, 2012:7)

9.1.1 Fallbeispiel 1 – Sachverhalt

Anlässlich einer Hauskontrolle der Hausverwaltung A wurde festgestellt, dass von der Feuermauer des Liegenschaftseigentümers A Verputzteile in den Hof der Hausverwaltung A herabfallen.

3 Abb. Lose Verputzteile an der Feuermauer des Liegenschaftseigentümers A

9.1.2 Schlussfolgerung

Liegenschaftseigentümer A ist gem. ABGB § 1319 verpflichtet allfällige Schäden an seiner Feuermauer unverzüglich instand zusetzen.

Sollte es zu einem Schaden am Nachbargrundstück der Hausverwaltung A kommen, ist Liegenschaftseigentümer A zu Schadenersatz verpflichtet.

9.2 Fachbereich 2 (Gefahrenvermeidung und Brandschutz)

Der Fachbereich 2 „Gefahrenvermeidung und Brandschutz" umfasst alle technischen, baulichen und organisatorischen Vorkehrungen, die dem unmittelbaren Brandschutz in Wohngebäuden und Gesamtanlagen dienen. (Vgl. ÖNORM B 1300, 2012:7)

9.2.1 Fallbeispiel 2 - Sachverhalt

Bei einer regelmäßigen Wartung und Überprüfung der technischen Anlagen in Wohngebäude A stellt die Wartungsfirma A im Heizraum, Mängel an der Isolierung der Brandschutzklappen fest.

4 Abb. mangelhafte Isolierung im Heizraum bei der BSK

Anlagen der Gebäudetechnik (Installationsschächte, Rohrdurchführungen, Brandschutzklappen u. Ä.) durchlöchern die Abtrennung zwischen zwei Bauteilen. (Vgl. Usemann 2001:52)

Lt. den OIB-Richtlinien (Vgl. OIB Richtlinie 2, 2015:2) müssen raumabschließende Bauteile zusätzlich, wenn ein Durchbrand nicht ausgeschlossen werden kann, beidseitig dicht abgedeckt werden.

9.2.2 Schlussfolgerung

Liegenschaftseigentümer B ist verpflichtet allfällige Mängel an der nicht isolierten Brandschutzklappe auf seine Kosten beheben zu lassen, da ansonsten hohe Gefahr bei einem Brandfall im Wohnhaus A herrschen könnte.

9.3 Fachbereich 3 (Gesundheit- und Umweltschutz)

„Der Fachbereich 3 Gesundheits- und Umweltschutz umfasst alle baulichen, technischen und organisatorischen Vorkehrungen zur Aufrechterhaltung gesunder und im Einklang mit Regelungen des Umweltschutzes stehender (Lebens-)Bedingungen in Wohngebäuden und Gesamtanlagen. Elemente der Objektsicherheit in diesem Fachbereich sind beispielweise Hygienevorkehrungen betreffend Lüftungsanlagen, das Warmwasser-Verteilnetz und gemeinschaftlich genutzte Schwimmbäder und Saunen." (ÖNORM B 1300, 2012:7)

9.3　Fachbereich 4 (Einbruchsschutz und Schutz vor Außengefahren)

„Der Fachbereich 4 Einbruchsschutz und Schutz vor Außengefahren umfasst alle baulichen, technischen und organisatorischen Vorkehrungen im Zusammenhang mit dem Einbruchs- und Zutrittsschutz, dem Zivilschutz und dem Schutz vor Naturgefahren in Wohngebäuden und Gesamtanlagen. Elemente der Objektsicherheit in diesem Fachbereich sind beispielsweise Zutrittskontrolleinrichtungen, Zivilschutzräume oder Anlagen zum Schutz vor Hochwässern." (ÖNORM B 1300, 2012:7)

10　Praxisfälle aus Sicht eines Objektsicherheitsprüfers

Das Unternehmen A wurde mit der Durchführung einer Objektsicherheitsprüfung gemäß ÖNORM B1300 vom Unternehmen B beauftragt. Diese erfolgt nur im Rahmen des ermöglichten Umfangs der Besichtigung.

Wie beschrieben werden Im Rahmen einer Objektsicherheitsprüfung mögliche Gefahrenquellen aufgezeigt, erfasst und dokumentiert. Durch die regelmäßige Routineprüfung ist eine frühzeitige Erkennung und Behebung von Mängeln möglich und dient langfristig gesehen der Erhaltung des Wohngebäudes.

Die Ergebnisse der Überprüfung werden im Prüfprotokoll dokumentiert und aktuell gehalten.

Die Durchführung erfolgt nach den OIB-Richtlinien. Bei den entdeckten Mängeln handelt es sich nicht um Mängel im Sinne, der zum Zeitpunkt der Errichtung gültigen Bauordnung, sondern um Haftungsmängel, welche im Schadensfall zu einer Haftung der Hauseigentümerschaft führen können. Eine Adaptierung nach dem derzeitigen „Stand der Technik", sollte in einem angemessenen Zeitraum geplant und durchgeführt werden.

10.1　Feststellung von Mängeln

Bei einer von der Hausverwaltung A beauftragten Begehung stellt Objektsicherheitsprüfer A folgende Mängel in einer Wohnhausanlage fest:

- Handlauf im gesamten Stiegenhaus entspricht nicht den OIB Richtlinien 4 (Nutzungssicherheit- und Barrierefreiheit)

- Diverse Brandschutztüren sind verkeilt

- Notbeleuchtungen im gesamten Stiegenhaus nicht vorhanden

Objektsicherheitsprüfer A dokumentiert alle Mängel und Schäden und sendet Hausverwaltung A umgehend seinen Bericht, weil schon zum Zeitpunkt der Besichtigung Gefahr in Verzug bestand.

10.1.1 Erläuterungen zu den angeführten Mängeln

Mangel 1:

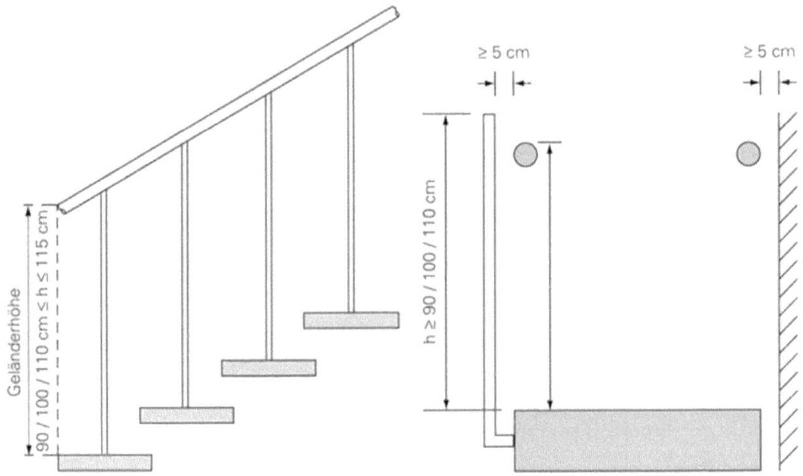

5 Abb. Technische Details zum Handlauffall (eig. Darst.)

Objektsicherheitsprüfer A stellt fest, dass der Handlauf im gesamten Stiegenhaus nicht durchgehend verläuft, nur einseitig ist und die Mindestabstände lt. den OIB-Richtlinien 4 nicht gegeben sind.

„Bei Treppen mit zwei oder mehr Stufen müssen in einer Höhe von 85 cm bis 1,10 m auf beiden Seiten formstabile, durchgängig gut greifbare Handläufe angebracht werden." (Vgl. OIB Richtlinie 4 - 2015:7)

Handlauffall/Sachverhalt:

Ein Mieter stürzt im Stiegenhaus mit nur einseitigem Handlauf und verstirbt an den Sturzfolgen. Der Hauseigentümer, der gleichzeitig Verwalter ist, wird wegen Unterlassung der Verkehrssicherungspflicht auf Grund der geänderten Bauordnung wegen fahrlässiger Tötung verurteilt. (Vgl. OGH 11Os36/ 98)

Rechtliche Beurteilung:

Bei dem Verhalten des Angeklagten handelt es sich um ein unechtes Unterlassungsdelikt, das gemäß § 2 StGB nur dann strafbar ist, wenn der Täter es unterlassen hat, einen Erfolg abzuwenden, obwohl er zufolge einer ihn im besonderen treffenden Verpflichtung durch die Rechtsordnung dazu verhalten und die Unterlassung der Erfolgsabwendung einer Verwirklichung des gesetzlichen Tatbildes durch ein Tun gleichzuhalten ist. (Vgl. OGH 11Os36/ 98)

Der Angeklagte Immobilienverwalter ist Eigentümer des Hauses. Demzufolge hätte er sich laufend vom Zustand der Baulichkeit überzeugen und sich von den geltenden Rechtsvorschriften Kenntnis verschaffen müssen.

Mangel 2:

Weiters fällt dem Prüfer A auf, dass diverse Brandschutztüren im Kellergeschoß verkeilt sind. „Öffnungen in brandabschnittsbildenden Wänden bzw. Decken müssen Abschlüsse erhalten, die dieselbe Feuerwiderstandsdauer aufweisen, wie die jeweilige brandabschnittsbildende Wand bzw. Decke. Diese sind selbstschließend auszuführen, wenn nicht durch andere Maßnahmen ein Schließen im Brandfall bewirkt wird." (Vgl. OIB Richtlinie 2 - 2015:3) Brandschutztüren dienen der Abtrennung von Brandabschnitten und sollen im Gefahrfall Personen ermöglichen, gesicherte Bereiche zu erreichen. (Vgl. ÖNORM B 3850, 2014:5)

Mangel 3:

Die gesamte Notbeleuchtung im Stiegenhaus ist nicht vorhanden. Eine Notbeleuchtung soll im Brandfall das Ziel erfüllen, die Fluchtwege bei Ausfall der Allgemeinbeleuchtung so zu beleuchten, dass flüchtenden Personen sicher zum vorgesehenen Ausgang ins Freie gelangen. Während der betrieblich erforderlichen Zeiten ist grundsätzlich Dauerbetrieb der Notbeleuchtung auszuführen. (Vgl. TRVB E 102 05, 2005:2)

11   Auszug einer Checkliste aus der Praxis

Bauteil/Art des Mangels	*Empfohlenes jährliches Prüfungsintervall*	*Dringlichkeit bei einem Mangel*
Dach (Blitzschutz, Antennen, Außenleitern, Regenrohre, usw.)	1x im Jahr	hoch
Fassade/Verputzteile/Gesimse	1x im Jahr	hoch
Fenster- und Türkonstruktionen	1x im Jahr	hoch
Fluchtwege	2x im Jahr	hoch
Baulicher Brandschutz (Brandabschnitte, Brandschutztüren, usw.)	1x im Jahr	hoch
HLS	1-2x im Jahr	mittel
Heiz- und Kesselräume	1x im Jahr	hoch
Orientierungsbeleuchtungen	1x im Jahr	mittel
Lagerung brennbarer Stoffe	2-3x im Jahr	mittel
Stiegen, Treppen, Fliesen	1x im Jahr	hoch

6. Abb. Checkliste ÖNORM B 1300 aus der Praxis (eig. Darst.)

11.1   Empfehlung für Gebäudeeigentümer

Bei einigen Punkten aus der Spalte „Bauteil/Art des Mangels", wie z.B. „Dach" wäre es sinnvoller und sicherer mehrere Prüfungsintervalle zu veranlassen. Der Nachteil ist, dass der Einsatz eines Objektsicherheitsprüfers mit relativ hohen Kosten verbunden ist. Der Vorteil hingegen ist, dass Gebäudeeigentümer z.B. halbjährlich eine umfangreiche Dokumentation inkl. Sanierungsvorschläge erhalten, um sich haftungstechnisch abzusichern. Wenn es zu einem Haftungsfall kommt, haben Eigentümer eine professionelle Dokumentation, die man vorzeigen kann.

12   Fazit und Abschluss

Ziel der vorliegenden Arbeit war es, Immobilienverwaltern, Bautechnikern, Facility Managern, Dienstleistern und Eigentümergesellschaften die ÖNORM B 1300 vorzustellen und anhand von Praxisfällen aus dem Berufsleben aufzuzeigen, welche Haftungsfallen und Gefahren an einem Wohngebäude auftreten können.

Zu diesem Zweck wurde speziell Kapitel 7 und Kapitel 9 näher erläutert. Dabei ergab sich, dass Eigentümer von Wohngebäuden bei gravierenden Mängeln, wo bereits Gefahr in Verzug besteht, dringend handeln müssen. Wie man im Kapitel 9.1.1 sehen konnte drohen hohe Haftungsstrafen, wenn man allfällige Mängel in den Hintergrund drängt.

Bezogen auf die Praxisfälle ist jedem Eigentümer bzw. seinen beauftragten Dienstleistern ein professioneller und erfahrener Objektsicherheitsprüfer zu empfehlen, es muss regelmäßig in bestimmten Zeitabständen überprüft werden, damit Eigentümer sich haftungstechnisch absichern können.

Literaturverzeichnis

Bücher/Normen/Literatur

Barth, P., Dokalik, D. und Potyka M. (2017): ABGB – Allgemeines Bürgerliches Gesetzbuch, 25. Auflage, Manz Verlag Wien

Creifelds, C. (2014): Rechtswörterbuch, 21. Auflage, München

GEFMA 190: 2004-01, Betreiberverantwortung im Facility Management

Gondring, H., Wagner, T. (2007): Facility Management Handbuch für Studium und Praxis, 2. Auflage, Verlag Franz Vahlen München

OIB-Richtlinie 2: 2015-03, Brandschutz

OIB-Richtlinie 4: 2015-03, Nutzungssicherheit und Barrierefreiheit

ÖNORM B 1300: 2012-11, Objektsicherheitsprüfungen für Wohngebäude – Regelmäßige Prüfroutinen im Rahmen von Sichtkontrollen und zerstörungsfreien Begutachtungen

ÖNORM B 2110: 2013-03, Allgemeine Vertragsbestimmungen für Bauleistungen

ÖNORM B 3850: 2001-10, Feuerschutzabschlüsse Drehflügel-, Pendeltüren und -tore

ÖVE/ÖNORM EN 62305-3: 2008-01, Schutz vor baulichen Anlagen und Personen

TRVB E 102: 2005-02, Fluchtweg- Orientierungsbeleuchtung und bodennahe Sicherheitsleitsysteme

Usemann, K. (2006): Energieeinsparende Gebäude und Anlagentechnik, 1. Auflage, Springer, Berlin

Internet

Quelle: Aldis (Austrian Lightning Detection & Information System)

Online im Internet: URL: https://www.aldis.at [Stand: 28.08.2017]

Quelle: Heute (Österreichische Zeitung)

Online im Internet: URL: http://www.heute.at/oesterreich/wien/story/Aktion-scharf--Mega-Strafe-fuer-Schuhe-im-Stiegenhaus-50663928 [Stand: 18.07.2017]

Quelle: OGH (Oberster Gerichtshof)

Online im Internet: URL: https://www.ris.bka.gv.at/Dokument.wxe?Abfrage=Justiz&Dokumentnummer=JJT_19980421_OGH0002_0110OS00035_9800000_000 [Stand: 28.08.2017]

Quelle: StGB (Strafgesetzbuch Österreich)

Online im Internet: URL: https://www.jusline.at/gesetz/stgb [Stand: 28.08.2017]

Quelle: WKO (Wirtschaftskammer Österreich)

Online im Internet: URL: https://www.wko.at/service/wirtschaftsrecht-gewerbe-

recht/Haftung_fuer_Bauwerke__Wegehalterhaftung_und_Haftung_nach_.html
[Stand: 07.10.2016]